S

Katzen
Album

Herausgegeben
von Julia Bachstein

Schöffling & Co.

Erste Auflage 2000

Nachweise am Schluß des Bandes
Satz: Fotosatz Reinhard Amann, Aichstetten
Druck & Bindung: Kessler Verlagsdruckerei, Bobingen
Printed in Germany
ISBN 3-89561-950-7

Für Willi und Pumin,
für Heinz, Quimper,
Liese, Max, Paula, Tino,
Lady Ottoline, Nero, Ella &
Humphrey, der einst First Cat
von England war.

Zweierlei eignet sich als Zuflucht vor den Widrigkeiten des Lebens:

Musik und Katzen.

Albert Schweitzer

Ich habe einmal Schicksal gespielt und mich gefragt: die Gesundheit meiner Katze oder der Prix Goncourt? Kein Zögern: die Gesundheit meiner Katze Boule.

Paul Léautaud

Wartend bis ich vom Spaziergang
wiederkomme,
sitzt meine Katze
auf der vereisten Landstraße;
die weiße Brust
gut zu unterscheiden
von den verschneiten Äckern ringsum.
Cyrus Atabay

Don Pierrot liebte Bücher über alles, und wenn er eines aufgeschlagen auf dem Tische fand, ließ er sich darauf nieder, betrachtete aufmerksam die Seite und blätterte dann mit den Pfoten weiter. Am Ende angekommen überfiel ihn Müdigkeit, als hätte er tatsächlich einen modernen Roman gelesen.

Théophile Gautier

Der fette Kater

sitzt auf meinen Füßen. Fett ist nicht das richtige Wort, ihn zu beschreiben. Er muß Pfunde über Pfunde wiegen. Und sein schönes schwarzes Fell wird weiß, ich vermute, um die Berge daran zu hindern, daß sie ihn sehen. Er schläft hier und klettert gelegentlich zu meiner Brust hinauf, tappt sanft mit seinen Pfoten und schnurrt dabei; vermutlich will er sehen, ob ich die ganz Nacht hindurch dasselbe Gesicht habe. Ich möchte ihn zu gern mit schrecklichen Verkleidungen überraschen.

Katherine Mansfield

– Die Katze Erinnerung,
wie du sagst.
– Ja.
Unabhängig,
unbestechlich,
ungehorsam.
Und doch
ein wohltuender Gesell,
wenn sie sich zeigt, selbst wenn sie sich unerreichbar hält. *Uwe Johnson*

Am Fenster sitzend sehe ich
den schwarzen Kater Stanislaus von nebenan
im tiefverschneiten Garten.
Er geht behutsam, zögert
und schaut sich mehrmals um –

und schaut sich um, als meine er:
Wo bleibt hier die Bequemlichkeit,
was soll der kalte Teppich da
Der Stanislaus beweist mir schwarz auf weiss,
wie Katzen sind, wie alle Katzen eben sind

Rainer Brambach

Die klugen Katzen

Die Katzen sind unendlich klug,
viel klüger, als wir Menschen wähnen.
Vergleichen wir sie Pharaonen,
beginnen sie bereits zu gähnen.

Die Katzen sind moderne Wesen
und achten auf gesunde Speise,
quittieren unsere Gedichte
in vornehm resignierter Weise

Grundsätzlich lassen uns die Katzen,
im allgemeinen, ungeschoren.
Doch fassen sie uns scharf ins Auge,
dann sind wir unbedingt verloren.

Martin Mosebach

»Jetzt probier doch wenigstens, bevor du moserst.«

Pulcherija Iwanowna hatte ein graues Kätzchen, das fast immer zu einem Knäuel zusammengerollt zu ihren Füßen lag.

»Ich weiß nicht, Pulcherija Iwanowna, was Sie an einer solchen Katze finden. Wozu taugt sie denn? Wenn Sie einen Hund hätten, wäre es eine andere Sache: einen Hund kann man auf die Jagd mitnehmen, aber eine Katze?«

»Schweigen sie doch, Afanasij Iwanowitsch«, sagte Pulcherija Iwanowna, »Sie reden nur gerne und weiter nichts. Ein Hund ist ein unreines Tier, ein Hund beschmutzt, ein Hund zerbeißt und zerbricht alles, aber eine Katze ist ein stilles Geschöpf, sie tut niemandem etwas zuleide.«

Nicolaj Gogol

»Na, mein Dicker!« sag ich, und schon sitzt er auf dem Tisch zwischen den Papieren, miaut und schnippt den Bleistift von der Tischplatte. Seine stille Leidenschaft für Schriftsteller geht über das auch von anderen Katzen bezeugte Interesse hinaus. Deswegen nennen wir ihn auch »Sekretär«, manchmal sogar »Generalsekretär«, und er hört darauf wie auf seinen Rufnamen.

Erich Kästner

TRINKE ICH NOCH EINE FLASCHE WEIN? DER MAGEN SAGT JA – DER KOPF SAGT NEIN. DER KOPF IST KLÜGER – UND DER KLÜGERE GIBT NACH!
AUS DER SERIE: <NACHTS SIND ALLE KATZEN BLAU> Nº 1

Der Kater
setzt sich
vor das
Gehäuse,
guckt
friedlich
dösend
auf den
Zwitscherich
und senkt
den Kopf
etwas nach
der Seite.
Der Kleine
verstummt
einen
Augenblick.
Manchmal
schmettert
er unvermittelt
und rollt,
so daß der
Kater einen
Schreck bekommt
und rückwärts
geht.
Er tut ihm nichts.

Alfred Kerr

Die willentliche Arbeitslosigkeit
ist ein Vorrecht der Katzen.
Für sie ist Müßiggang nicht aller
Laster Anfang, wie in der Schule
gelehrt wird, sondern der Anfang
aller Seligkeit.

Delio Tessa

Vergleichbar ist das Eigenleben der Bücher
mit dem, das ein unter Frauen
verbreiteter und affektbesetzter
Glaube den Katzen zuschreibt.
Sie sind undomestizierte
Haustiere. Aufgestellt
als Besitz, sichtbar
und disponibel,
entziehen
sie sich
gern.

Theodor W. Adorno

Brief des Landkaters Heinz an den Dichter in der Stadt:

Verehrter Dichter,
lies was ein schlichter
Provinzgenoss' Dir schreibt.
Stets treu und gut
voll Schneid und Mut
er sein Geschäft betreibt.

Zwar ohne Rasse
in meiner Klasse
bin ein Prolet ich nur;
kein Siam drollig,
kein Perser wollig,
jedoch ein Jäger pur.

Elsemarie Maletzke

Katzen sind wilde Mädchen, immer auf der Jagd, oft schlechtgelaunt. Kater sind Liebhaber. Kater ersetzen Ehemänner und Geliebte. Kater kommen mit leuchtenden Augen nach Hause, werfen uns eine Maus vor die Füße und gurren: »Da, Schönste – näh dir ein Krägelchen!«

Elke Heidenreich

Woran denkst du nun? An dein Heute?
Was du verfehlt und erreicht?
An dein Spiel? Deine Jagd? Deine Beute?
Oder träumst du vielleicht,

frei von versuchenen Schemen
grausamer Gegenwart,
milde teilzunehmen
an der menschlichen Art,

selig in großem Verzichte
Welten entgegenzugehn,
wandelnd in einem Lichte,
das wir beide nicht sehn?
Hans Carossa

Ich möchte eine Katze zum Spielen, weil ich nur zwei Brüder habe.

Katherine Menzies, 8 Jahre

Ein drittes Wesen wohnt dieser Szene bei: eine junge, schwarze Katze, mit goldbraunen Glanzlichtern und einem weißen Fleck unter dem Hals, die auf dem Badewannenrand liegt und deren gelbbrauner Blick ein ungewöhnliches Erstaunen auszudrücken scheint. Sie trägt ein Halsband aus geflochtenem Leder mit einem kleinen, vorschriftsmäßigen Schild, auf dem ihr Name – Däumling – ihre Zulassungsnummer beim Tierschutzverein, und die Telefonnummer ihrer Besitzer stehen …

Georges Perec

Mein Liebling

Du kommst zu mir auf weichen, samtnen Pfoten
Und schmiegst dein Köpfchen zart an meine Hand,
Mir ist, als ob durch deine sanfte Liebe,
Ich wahres Glück und reinste Freude fand.

Ja, Freude ist es, die du schenkst, mein Kätzchen,
Denn du bist gut und treu und liebenswert,
Und schön bist du, wie weniges auf Erden.
Darum hab ich mein Herz dir nicht verwehrt.

Wie häßlich zeichnen viele deine Züge,
Du bist für sie ein falscher Bösewicht;
Welch großes Unrecht! Es ist alles Lüge;
Denn diese Menschen kennen Katzen nicht.

Rudolf Anatol Petz

Kater Buchanan, Herkunft unbekannt, residierend im Haus von Sir Edmund und Lady Gosse beim Regent's Park, soll sein eigenes Briefpapier gehabt haben. Ging Sir Edmund auf Reisen, diktierte Buchanan täglich Briefe, die der Empfänger auch pünktlich beantwortete. Buchanan soll, es sei mit Bedauern gesagt, ein arges Klatschmaul gewesen sein.

Mitgeteilt von Dame Edith Sitwell, London

Die Katze ist das einzige vierbeinige Tier, das dem Menschen eingeredet hat, er müsse es erhalten, es brauche aber dafür nichts zu tun.

Kurt Tucholsky

Man konnte ihn nicht faul schelten, doch kannte er das Geheimnis der Ruhe. Wenn ein Dichter so hübsch von ihm schrieb: »Sein kleines Leben sei von einem Schlaf umrundet«, so unterschätzte er diese Glückseligkeit; nicht ein Schlaf, sondern

viele Schlafe umschlossen sie. Sie beschwerten sein Gewissen nicht. Er hatte gute Gewohnheiten und ein zufriedenes Gemüt.

Charles Dudley Warner

Um nochmals die Katze zu erwähnen: sie setzte sich immer auf die beiseite gelegten, vollgeschriebenen Papiere und blinzelte mich mit ihren unergründlich gelben Augen so eigentümlich an, so fragend. Ihre Gegenwart glich der Gegenwart einer seltsamen, schweigenden Fee. Ich habe vielleicht dem lieben stillen Tier viel zu verdanken. Was kann man wissen? Ich kam mir überhaupt, je mehr ich vordrang mit Schreiben, wie behütet und wie beschützt vor von einem gütigen Wesen. Ein sanfter, zarter, großer Schleier wob um mich.

Robert Walser

Eine ruhende –

nicht schlafende, aber still sinnend sitzende –

Katze gesehn:

die lebendige Illustration jenes wunderbaren Ausdrucks

»ich bin bei mir«

Ludwig Hohl

Hattest Du jemals eine Katze, die Junge hatte? Oder hast Du sie je von den ersten Augenblicken ihres Lebens an beobachtet? Am 5. April wurde Charlie von zweien entbunden – Er war so verängstigt, daß er darauf bestand, daß ich dabei blieb, und seither wohnen sie bei mir im Zimmer. Die Augen sind schon offen. Sie lächeln schon und hauen dem Betrachter ins Gesicht (der Betrachter ist ihre Mutter). Eines ist ein winziges Tigerchen, SEHR schön, und das andere ist wie eine prähistorische Echse in sehr klein. Ich führe ein Journal über ihre ersten Tage. Wie schade, daß die Menschen so fern von allen Tieren leben …

Katherine Mansfield an S. S. Koteliansky

Sie war, wie jede Mutter,
erfüllt von dem Bewußtsein,
etwas ganz Einmaliges
geschaffen zu haben.
Und so war es ja auch,
denn nicht einmal zwei
junge Katzen gleichen
einander aufs Haar, nicht
äußerlich und schon gar
nicht in ihren eigensinnigen
kleinen Seelen.

Marlen Haushofer

Heut in der Frühe weckten

Wir zweie uns und leckten

Die Pelze um und um,

Mit schönen Referenzen

Dich freundlich zu umschwänzen;

Das ganze Haus weiß ja, warum.

Eduard Mörike

Unser Katz hat Katzerl g'habt
Dreie, sechse, neune,
eines hat ein Ringerl auf,
Dieses ist das meine.

Kinderlied

… und wieder sprach sie den Kater an: »Du bist rot wie die Höllenflammen und hast eine weißere Haut als eine Opernballerina; du siehst aus wie der junge rot-weiße Priester, der mir die Beichte abnahm, als ich fünfzehn war, und der mir einmal solche Angst machte – der arme junge Mann, der in seinem dunklen Schrank so zitterte –, ich bin davongerannt, ohne einen Piep oder Amen zu sagen, ich bin durch die Kirche gerannt, ohne mich umzuschauen, gerannt, ganz in Tränen, bis zu meinen Eltern. Wohl fünf Jahre lang, glaub ich, bin ich dann nicht mehr zur Beichte gegangen, und nie wollte ich etwas von den Jungens hören. Monsieur Mouton, wenn ich jungfräulich bin, liegt das ein bißchen an dir.«

André Pieyre de Mandiargues

Chéri suchte und brauchte menschliche Gesellschaft,

er fühlte sich so offensichtlich wohl, wenn um ihn herum Stimmen waren, Lachen, er war eben kein spartanischer Kater, der lieber seiner Wege ging, Abenteuer suchte oder sich rarmachte. Er war eben so wie er war.

Monica Huchel

Sei nicht böse, sagt die Katze, wenn ich mich nicht streicheln lasse. Ich habe an und für sich nichts gegen das Streicheln, im Gegenteil, es ist sehr angenehm, aber man weiß bei dir nie, ob du mich nicht hochnimmst und festhältst.

Eva Demski

HERRLICH SIND DES HERREN WERKE
HERRLICHER IST HOFFMANN'S STÄRKE
HERRLICHER ALS ALL DAS IST
HOFFMANN'S KATZE, WELCHE GRÜSST.

Elke Heidenreich

Das Leben der Katze hingegen währet zwölf Jahre, und wenn es hoch kommt, so sind es siebzehn Jahre, und wenn es köstlich gewesen ist, so kannte es weder Mühe noch Arbeit.
Und es ist immer köstlich.

Axel Eggebrecht

… so daß ich auf die
Manxkatze
wies, die ein
bißchen absurd
aussah, das arme Tier,
ohne Schwanz. War sie
wirklich schon so geboren,
oder hatte sie den Schwanz durch
einen Unfall verloren? Die schwanz-
lose Katze ist, obwohl man sagt,
daß es einige davon auf der Isle of Man gibt,
seltener als man glaubt. Sie ist ein eigenartiges Tier,
eher seltsam als schön. Es ist merkwürdig, wieviel
ein Schwanz ausmacht –

Virginia Woolf

Aber auch die Faulheit der Katze ist von einer beneidenswerten Vollkommenheit,
reglos, ungeheuerlich.
Man kann in Schaufenstern Katzen beobachten, die
stundenlang unbeweglich,
schlecht naturalistische Attrappen ihrer selbst,
vor sich hinstarren
und durch nichts abgelenkt werden.

Axel Eggebrecht

Vergangnen Maitag brachte meine Katze
Zur Welt sechs allerliebst kleine Kätzchen,
Maikätzchen, alle weiß mit schwarzen Schwänzchen.

Ein Jahr ist um, und Katzen sind die Kätzchen,
Und Maitag ist's! – Wie soll ich es beschreiben,
Das Schauspiel, das sich jetzt vor mir entfaltet!
Mein ganzes Haus, vom Keller bis zum Giebel,
Ein jeder Winkel ist ein Wochenbettchen!

Hier liegt das eine, dort das andere Kätzchen,
In Schränken, Körben, unter Tisch und Treppen,
Die Alte gar – nein, es ist unaussprechlich –
Liegt in der Köchin jungfräulichem Bette!
Und jede, jede von den sieben Katzen
Hat sieben, denkt euch! sieben junge Kätzchen,
Maikätzchen, alle weiß mit schwarzen Schwänzchen!

Theodor Storm

*»Ich stehe unter dem Gesetz
der Kater.
Ihr füttert mich reichlich,
trotzdem fange ich Mäuse.
Versteht mich gütigst:
Ein Kater ist kein Pazifist!«*

Rudolf Geck

Katzen

Sie liegen irgendwo in den gewohnten Ecken
und scheinen zu sinnen.
Die Augen schimmern grün.
Man darf sie necken,
sie lassen sich gewinnen.
Und als dann
legen sie sich auf den Bauch und runden
den Leib, versuchen mit Schnauze und Pfoten
deine Hände zu greifen,
und ihre Augen glühn,
die grünblaugraugelbroten ...
Irgendwann
erheben sie sich und beginnen
eine kleine Vergnügungsreise durchs Haus.
Schließlich sehen sie zu einem offenen Fenster hinaus,
sie strecken
die Schnauze in die Luft und lassen die Augen schweifen,
prüfen: kann diese Witterung
einem Katzentiere munden?
Und schon sind sie mit wahrhaft musikalischem Sprung
in der blauen Luft verschwunden.

Am Abend sind sie plötzlich wieder da.
Man findet sie wie seidige, o so
geschmeidige Damen, die man vor Stunden
glänzend und stark aus der Haustür treten sah,
mit ausgestreckten Beinen
weich zerknittert irgendwo,
wo sie in Erinnerungen versunken scheinen.

Réne Schickele

»Keesa« ist ein schmeichelhafter Ausdruck für eine Katze,
und längere Zeit sträubte meine Mutter sich dagegen,
daß man sie so nannte. »Untersteh dich, mich so
zu nennen!« rief sie wütend. »Und überhaupt,
hör auf mit all deinen kätzchenhaften
Kosenamen, sonst kriegst du
schließlich ein Katzenhirn.«

Joseph Brodsky

Athenaeum ist wie eine prähistorische Echse in sehr klein. Er kam sehr merkwürdig heraus – als wirbelte er durch den Raum – von dem ungnädigen Herrn geworfen. Das zweite Junge April wurde in der Nacht geboren, ein sonniges, kompaktes kleines Mädchen. Wenn es saugt, dann sieht es aus wie ein Kleinkind, das sein Gebet aufsagt & weiß, daß Jesus es lieb hat. Sie hat immer die Wahl zwischen Erdbeer, Schokolade und Pistazie; der arme kleine Athenaeum muß sich mit einem gelegentlichen Schnappen nach der Zitrone zufriedengeben … Beide sind sie allerliebst; innen an den Pfoten sind sie sehr weich, sehr rosa, ganz wie unreife Himbeeren.

Wäre ein Baby bezaubernder?

Katherine Mansfield an Virginia Woolf, April 1919

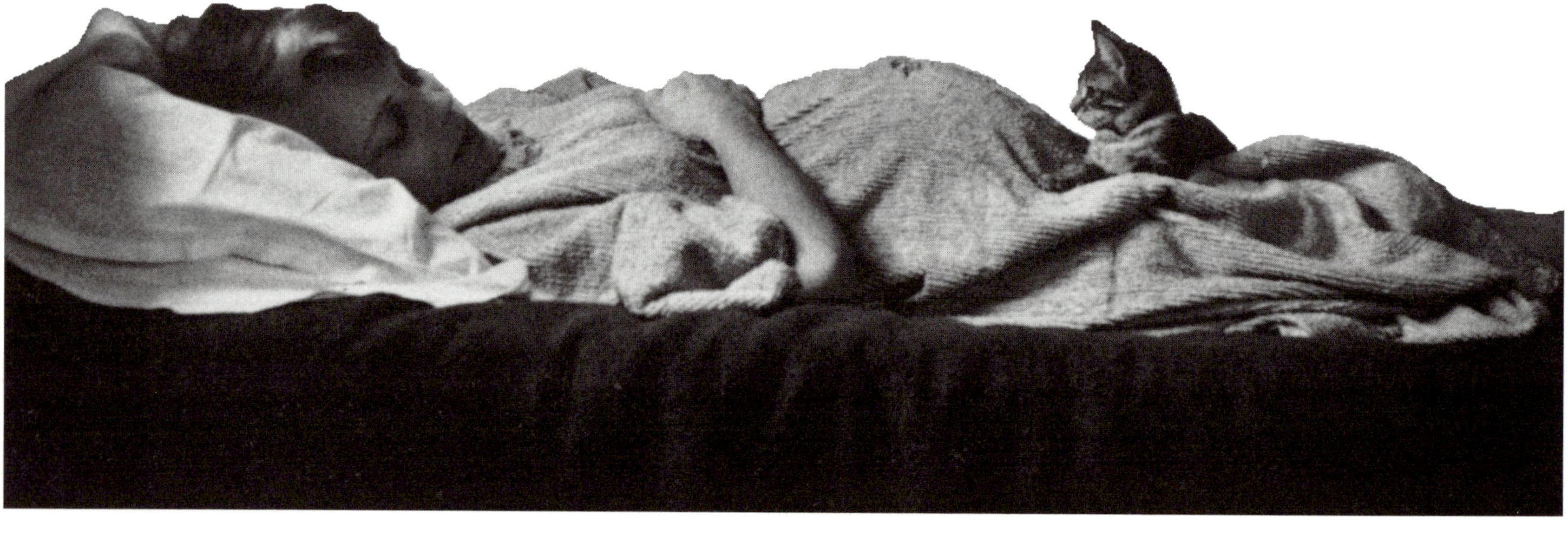

Der Mensch möchte Fisch sein und Vogel, die Schlange möchte gern Flügel haben, der Hund ist ein irregeleiteter Löwe, der Ingenieur möchte Dichter sein, die Fliege studiert Schwalbenflug, der Dichter trachtet, die Fliege nachzuahmen, die Katze aber will nichts als Katze sein.

Pablo Neruda

Was ich an meiner Katze schätze?
Vielleicht ist es das Unnütze und
– von uns aus gesehen – das Zwecklose.
Der Micio ist das, was ich leider gar nicht
bin, ein echter Tunix. Meine Frau hat mal
gesagt, er ist der Erfinder des Faulpelzes,
und vielleicht sieht man gerade das mit
einem gewissen Wohlbehagen. Katzen
können jeden Augenblick in Schlaf fallen
und sind im Moment wieder putzmunter:
das sind schon beneidenswerte Fähigkeiten.
Peter Rühmkorf

… gut, ich bin extra aufgestanden. Ich habe die Tür aufgerissen wie ein Pförtner - und was nun? Die Katze besinnt sich. Durch diesen kleinen Spalt da? Sie sieht skeptisch hoch, schiebt den Kopf versuchsweise etwas vor und studiert mich. Wenn die Katze mich studieren will, soll sie ins Zimmer kommen, aber mit Beeilung, denkt der Mensch da oben und zischt herab: »Mach schon, Puß!« Widerlich denkt Puß, der hat heute wieder eine Laune, wie die Katz, wenn's donnert.

Eugen Skasa-Weiss

Katzen lieben das Unveränderbare. Sie selber sind unveränderbar. Das Schlimmste für sie – und darin gleiche ich ihnen – wäre eine Ortsveränderung, ein Umzug, gar eine Flucht.

Hans Bender

Das ist mein Metier, ich schreibe, und ich liebe das, und ich lebe davon ausgezeichnet. Das Leben mit seiner animalisch-weiblichen Seite kommt mir vor wie eine behutsam zärtliche Katze, die einige ihrer Jungen am Genick packt und spazierenführt (und das bedeutet ein recht bequemes Dasein).

Françoise Sagan

Im Gegensatz zu allen anderen Tieren, denen der Mensch nichts ohne Gegendienst gewährt, verlangt und erhält die Katze von uns alles unentgeltlich und ohne zu einer Gegenleistung für unsere Wohltaten verpflichtet zu sein.

Giovanni Raiberti

Bestimmt habt ihr auch festgestellt, daß die Katzen sich untereinander zu einer Art anonymer Gesellschaft mit unbeschränkter Mitgliedszahl zusammengeschlossen haben. Die gesamte Körperschaft kommuniziert mit dem Menschengeschlecht nur in einem Fall, sie leistet nur einem charakteristischen Laut Folge, jenem kleinen Schnalzen, das die Zunge erzeugt, wenn sie schnell vom Gaumen gelöst wird. Für jeden anderen Lockruf, der keine kulinarischen Freuden verspricht, zeigt sich die anonyme Gesellschaft völlig taub.

Delio Tessa

Neulich war ich in einer Katzenausstellung und sah Müllerburschen und Paulas. Lautlos vornehm saßen die Tiere da – und hielten zweifellos die Menschen für ausgestellt. Da brachten sie vor Staunen kein Miau heraus. Der Zoo war ihnen doch zu stark. Ich möchte einmal mit Tieraugen die Menschen sehen. Einmal würde genügen – und nie wieder.

Georg Kaiser

Nach der leichten Sommersuppe
dösen Mutter, Kind und Puppe
sacht im Liegestuhle ein,
auf dem Strand, dem weiten, leeren,
sind sie mit sich ganz allein.

»Denkste, Puppe«, sagt die Katze
und hebt leise eine Tatze,
»dieser Stuhl ist nicht für dich,
dieser Stuhl ist nur für mich.«

Keine Puppe weit und breit
dafür sitzen Seit an Seit
alle drei zum Schlaf bereit:
Herrlich ist die Ferienzeit!

Julia Bachstein

Katzenphilosophie

Ganz einsam sitz' ich ohne Freude da,
Dem Lachen fern, doch nicht dem Weinen nah.
Mir unweit sitzt mein Kätzchen still im Gras,
Mißmutig schaut es stets auf einen Fleck;
Einfältig dünkt die Welt es, ohne Spaß,
Der Mausfang albern wie das Milchgeschleck.
Doch plötzlich kehrt sich's um, blickt noch umher,
Rollt sich zusammen, schläft und denkt nichts mehr.

Ricarda Huch

Wenn Gott Mensch werden konnte,

kann er auch Katze werden.

Robert Musil

Zum Frühstück gab es Brötchen,
Hierzu trank man Kaffee;
Die Katze und ihr Pfötchen
Noch heut' ich vor mir seh.

Robert Walser

Wer
weiß,
wenn
ich
mit
meiner
Katze
spiele,
ob
sie
sich
mit
mir
amüsiert
oder
ich
mich
mit
ihr.

Michel de Montaigne

Gustav Klimt

Alle beide, der Hund und die Katze, sind reich an Tugenden und Talenten, doch der Hund hat ein Talent zuviel: Er läßt sich dressieren. Und er hat eine Tugend zu wenig: Er ist ein Tier ohne Geheimnisse. Manchmal glaub ich fast, am liebsten wäre er ein vierbeiniger Mensch, uns möglichst ähnlich, nur schneller. Die Katze springt nicht durch Reifen und denkt nicht im Traume daran, uns zu Gefallen auf den Hinterbeinen herumzustelzen.

Erich Kästner

Tom-Cats* sollte man unbedingt zusammenbringen, weißt Du, es macht sie einfach geselliger.

Noël Coward

*Tom-Cat = großer, erwachsener Kater

Es war einmal ein braver Koch
Geschickt im Appretieren,
Dem fiel es ein, er wollte doch
Als Jäger sich gerieren.
Er zog bewehrt zum grünen Wald,
Wo manches Wildpret hauste,
Und einen Kater schoß er bald,
Der junge Vögel schmauste.

Sah ihn für einen Hasen an
Und ließ sich nicht bedeuten,
Pastetete viel Würze dran
Und setzt ihn vor den Leuten.
Doch manche Gäste das verdroß,
Gewisse feine Nasen.
Die Katze, die der Jäger schoß,
macht nie der Koch zum Hasen.

Johann Wolfgang von Goethe

In den meisten Betten haben bis zu sechs Katzen Platz. Ohne den legitimen Besitzer bis zu zehn.

Stephen Baker

Sarah Kirsch

Im Kreml noch Licht

Das ist Lenins weiße Katze
Jede Nacht macht sie Patrouille
Ihre ernsten grünen Augen
Sehen pünktlich aus dem Fenster

Sie frißt ungeratnes Schreibwerk
Stößt die Tinte mit der Pfote
Um daß nichts zu lesen ist:
Mascha kann durch alle Türen

Und wenn Posten davor stehen
Kneift sie ihre Augen zu
Steuert mit dem Sichelschwanz
Sicher durch die schwarzen Stiefel.

Zeigt das Glockenspiel den Tag an
Führt ihr Weg zur Bibliothek
Sie verkneift ein spitzes Niesen
Sitzt auf ihrem Lieblingsbuch

Und erinnert sich der Zeiten
Wie der eignen Pfotenspuren
Als ihr Herr sie leis vermahnte
Und ein neues Blatt anfing

Lenin

Einen so faulen Kater wie Baffo hat es noch nirgends auf der Welt gegeben. Er fing keine Mäuse, weil ihm das Laufen zu mühsam war, er fraß nicht, weil ihm das Kauen zu mühsam war. Das einzige, was er gerne tat, war schlafen.

Im Schlaf träumte er, daß er Mäuse jagte, und dann träumte er, daß er sie fraß und dann leckte er sich den Schnurrbart, so als hätte er sie wirklich gefressen.

Luigi Malerba

Sie ist einmalig,
wie der Freund,
den man nie ersetzen kann,
wie Liebende ohne Fehl.
Wie die vollkommene
Geliebte
hat sie
die Scham,
die Scheu
vor der drängenden
Berührung.
Mehr will ich
von ihr nicht sagen.
Alles andere ist
Schweigen, Treue,
sind Erlebnisse der Seele,
ist azurfarbener Schatten
einer Form
auf dem blauen Papier,
das alles aufnimmt,
was ich schreibe,
lautloses Gleiten
von nassen Silberpfoten.

Colette

Kennst du Wingley? Der Berg hat ihn mitgebracht. Er war mit ungeheuren Augen angetan, nachdem er durch die ganze Landschaft gesaust war, & es dauerte mehrere Stunden, bis das berühmte Schnurren wieder in Aktion trat. Jetzt hat er sich völlig eingewöhnt & liest abends mit uns Shakespeare. Ich möchte wissen, wie Katzens Shakespeare ist. Wir erwarten, daß er in Kürze seine Erinnerungen schreibt. Sie sollen in Mausleder gebunden werden.

Katherine Mansfield

Das Pferd

springt auf den Sporenschlag in den Abgrund,

der Hund

kuscht dem läppischsten Kretin unter die Peitsche, aber

die Katze

läßt sich nicht von der mildesten Herrin das Naschen abgewöhnen.

Axel Eggebrecht

Letztes

In Herzens Mitte
als einzige Bitte
verhallende Schritte

von der Katze ein Stück:
ihr Ohr löffelt Schall
ihr Fuß nimmt Lauf
ihr Blick
brennt dünn und dick
vor ihrem Antlitz kein Zurück
schön wie die Blume
doch voller Waffen
und hat im Grunde nichts mit uns zu schaffen.

Paul Klee

Höchstes Vergnügen für seinen Herrn zuzusehen, wie Fritz, den Kopf leicht nach der Seite geneigt, mit vorsichtigem Pfotenhieb die Apfelsine weitertreibt, wie er Abstand nimmt, sich hinduckt, den Kopf auf die Pfoten, die Entfernung schätzt, dann mit zielgewissem Sprung den gelben Ball bespringt, ihn weiterjagt, mit tänzerischer Bewegung vor ihm steht und nun wieder zu einem niedlichen Schlage aushebt. Wer solch graziöses Katerspiel mit Ball und Nuß und Garnrolle nie beobachtet, der hat überhaupt nicht gelebt.

Rudolf Geck

Hier spielt sich ein entsetzlicher Skandal ab. Savonarola ist ein *Mädchen*. Und nicht nur das. Sie hat 9 Kätzchen getötet und gefressen!!! Sehr *ungezogen*. Nun muß sie mit einer Anzeige wegen Transvestitentums, Inzest, Kindsmord und Kannibalismus rechnen. Aber ich will kein schlechtes Wort über sie hören.

Edith Sitwell

Der Katze leises Raunen
Trieb mich zum Dichten an.

Robert Walser

Sempé

Ich nannte die kleine Katze Perle, *weil sie so weiß und rosig war.*

Sogar durch die Haut ihrer kleinen Ohren konnte man das Blut schimmern sehen. Später wuchsen ihr große Haarbüschel auf den Ohren, aber solange sie noch ganz klein war, sah man an vielen Stellen die Haut durch den flockigen Pelz leuchten.

Marlen Haushofer

Wenn der Reverend Ken Hewitt in St. Augustine's Church in London einmal im Jahr *the Pets Blessing* zelebriert, den Segen der Haustiere, dann sitzt ihm natürlich seine eigene Katze auf der Schulter, der Persianerkater Laurence. Auch die Colleges in Cambridge, die auf sich halten, haben ihre akademischen Katzen: Rama und Sita in Selwyn College, Thomasina of Pembroke, Titan of Trinity, Benson of Jesus (»enjoying honorary dining rights at the college«). Von solchen Stars einmal abgesehen, gibt es rund acht Millionen Katzen in England. Ein Viertel aller britischen Familien hat zumindest eine Hauskatze; rund 22 000 Haushalte haben sogar sechs oder mehr.

Warum die Engländer Katzen besonders lieben? Vielleicht spüren sie wesensverwandte Züge: das Bedürfnis nach *privacy*, die Lust zu jagen und jene undefinierbare Schnurrigkeit.

Peter Sager

»Pussi, Pussi, Miezekatz,
Wo warst du denn?
Was ist geschehn?«
»War in London, im Palast,
Wollte die Königin sehn.«

»Pussi, Pussi, Miezekatz,
Was kam dabei heraus?«
»Hab 'ne fette Maus erwischt,
lief im Treppenhaus.«

»Pussi, Pussi, Miezekatz,
Was tat's du mit der Maus?«
»Steckte sie ins Beutelchen,
War mein Abendschmaus.«

Alter schottischer Kinderreim

Humphrey, einst First Cat von England, vor Downing Street No. 10.

Trink er den Wein und geh er schlafen
In meinem Bett mit meiner Frau.
Daß er nur – soll der Tod ihn strafen! –
Mir niemals meine Katzen hau.

Kann man auch sonst wohl kaum entdecken
In mir von Bosheit ein Atom,
Wird ihn verfolgen und erschrecken –
Quält der die Katzen – ein Phantom.

Georges Brassens

Queenie...

saß auf dem Beckenrand und schaute auf die spiegelnde Wasserfläche. Die Katze begutachtete ihre grauen Ballen, als wollte sie sich über die Eignung der Pfote zum Fischfang schlüssig werden.

Ruth Rendell

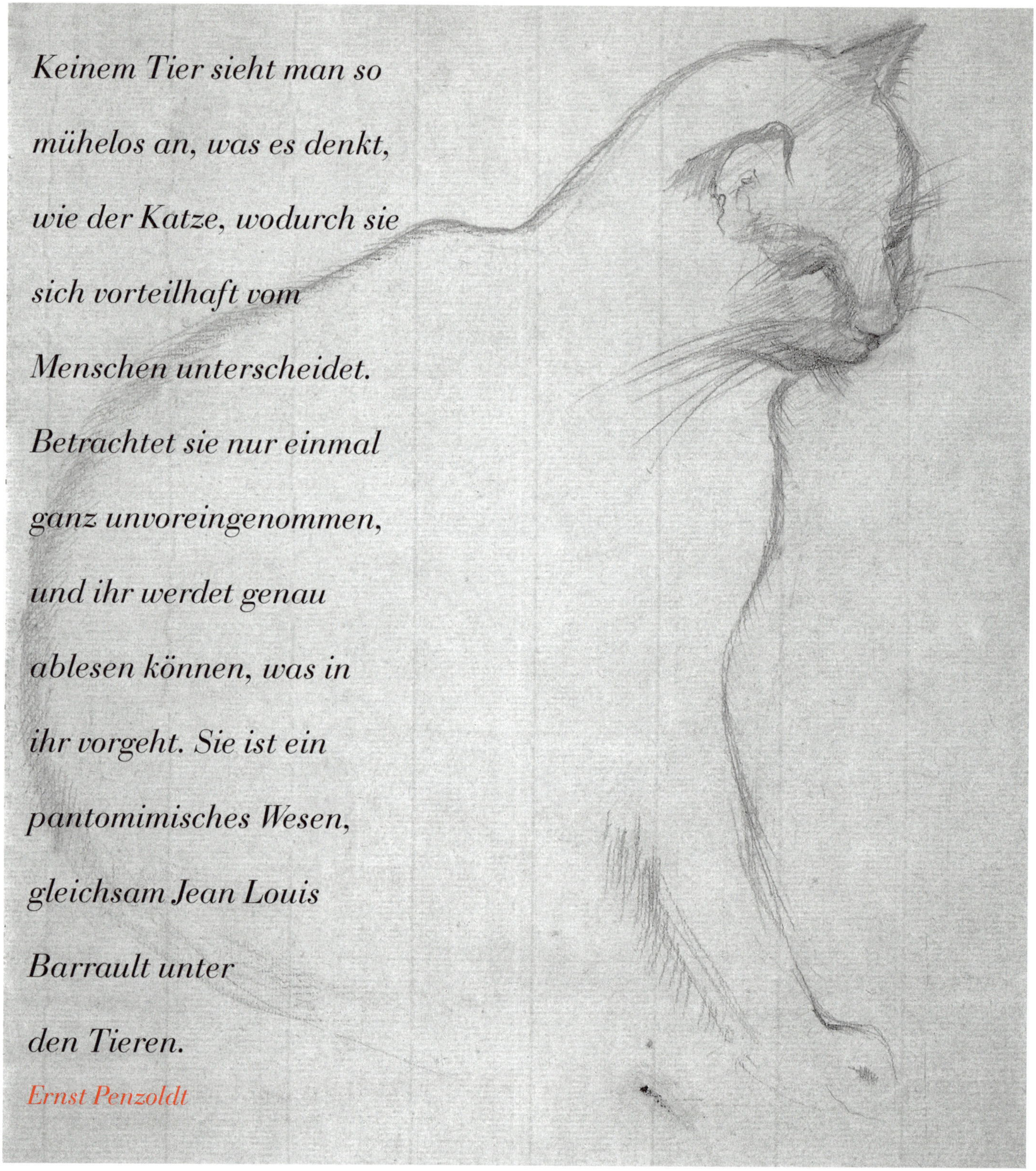

Keinem Tier sieht man so mühelos an, was es denkt, wie der Katze, wodurch sie sich vorteilhaft vom Menschen unterscheidet. Betrachtet sie nur einmal ganz unvoreingenommen, und ihr werdet genau ablesen können, was in ihr vorgeht. Sie ist ein pantomimisches Wesen, gleichsam Jean Louis Barrault unter den Tieren.

Ernst Penzoldt

Neulich saß ich vor dem kleinen Theaterchen »Ambassadeurs« in den Champs-Elysées, unter grünen Bäumen. Um meine Bank strich mehrere Male eine große, gut genährte Katze, grau mit schwarzen Flecken. Wir kamen so ins Gespräch – sie fragte mich, wieviel Uhr es sei –, und da stellte es sich heraus, daß sie aus Insterburg stammt. Nun kenne ich Insterburg sehr genau – ich habe da seinerzeit gedient –, und wir waren gleich im richtigen Fahrwasser. Sie kannte erstaunlich viele Leute, und wir hatten auch gemeinsame Bekannte: eine Verwandte von ihr war bei meinem Feldwebel Lemke Katze gewesen, sie wußte gut Bescheid.

Kurt Tucholsky

Verblüfft fuhr sie zurück – wenige Meter von ihr entfernt hockte die Grinsekatze auf einem Baum. Die Katze grinste zur Begrüßung. Sie macht einen gutmütigen Eindruck, dachte Alice, aber ich werde sie trotzdem respektvoll behandeln müssen, denn sie hat mächtig lange Krallen und das ganze Maul voll spitzer Zähne. »Grinsepussi!« redete sie die Katze an, ziemlich unsicher, weil sie nicht wußte, ob ihr der Name behagte. Indessen grinste die Katze noch breiter. Na, das scheint ihr zu gefallen, dachte Alice und fuhr fort: »Würdest du mir bitte sagen, welchen Weg ich einschlagen muß?«

»Das hängt in beträchtlichem Maße davon ab, wohin du gehen willst«, antwortete die Katze.

»Oh, das ist mir ziemlich gleichgültig«, sagte Alice.

»Dann ist es auch einerlei, welchen Weg du einschlägst«, meinte die Katze.

»Hauptsache, ich komme irgendwo hin«, ergänzte sich Alice.

»Das wirst du sicher, wenn du lange genug gehst«, sagte die Katze …

Lewis Carroll

»One for the money!«
»Two for the show!«
»Three to get ready!«
»So go, cat go!«
Elvis Presley

Mein kleines schwarz und weißes Kätzchen hat mir so sehr leid getan, wie es starb. Es war noch bis zuletzt so klug und unterschied mich von allen andern. Es ist vorgestern gestorben, aber ich möchte noch wohl gerne weinen, wenn ich es nicht unrecht fände, um ein Tier trauriger zu sein wie vielleicht um manchen Menschen. Aber so arme Tierchen haben auch nichts nach dem Tod zu erwarten, und im Leben sind sie auch übermäßig gering geachtet und können sich auch gar nicht verständlich machen, wenn sie krank sind. Mir ist so ein armes, krankes Tier immer etwas entsetzlich Betrübtes.

Annette von Droste-Hülshoff an Therese von Wolff-Metternich

Meine Katze ist die beste Therapie gegen Streß. Wenn ich sie streichele, werde ich ruhig. Ich habe das Gefühl, ich streichle meine eigene Seele.

Victoria Principal

Katze, stolze Gefangene,
lange kamst du nicht mehr.
Nun, über dämmerverhangene
Tische zögerst du her,

Feierabendbote,
feindlich dem emsigen Stift,
legst mir die Vorderpfote
leicht auf begonnene Schrift,

mahnst mich zu neuem Besinnen,
du so gelassen und schön!
Leise schon hör ich dich spinnen
heimliches Orgelgetön.

Hans Carossa

Wer eine Katze hat,
braucht das Alleinsein
nicht zu fürchten.
Daniel
Defoe

Wer eine Katze hat,
braucht das Alleinsein
nicht zu fürchten.
Daniel
Defoe

Ich hatte einmal eine wirklich außerordentliche Katze. Sie hatte mehr Herz und Verstand als irgendein Mensch – und eine ungeheure Würde – sie hätte es sich verbeten, selbst mit dem Gouverneur von Kalifornien vertraulich zu werden.

Mark Twain

Katzen

sind die rücksichtsvollsten

und aufmerksamsten Gesellschafter,

die man sich wünschen kann.

Pablo Picasso

… die ich mit Rücksicht auf ihre Erscheinung *Blanche* getauft habe. Sie ist ganz weiß, und nur auf der Stirne, als Zeichen edelster Abstammung hat sie einen braunen und schwarzen Tigerstreifen. Sie ist noch ganz Kind, ganz unbefangen, faßt das Leben von der heiteren und Vergnügungsseite auf und betrachtet sich selbst als bloßes Ornament des Daseins; sie könnte nach allem eine Engländerin sein. Nur ihrer Grazie nach ist sie Französin.

Theodor Fontane

Ich lege mein Buch
Der Sinn des Zen nieder
und sehe die Katze. Sie lächelt in ihr Fell
und glättet es zart mit rosaroter Zunge.

»Katze, ich möchte dir gern dieses Buch leihen,
aber ich glaube, du hast es schon gelesen.«

Sie hebt den Kopf und schaut mich schnurrend an:
»Sei doch nicht albern. Ich habe es geschrieben.«

Dilys Laing

WARUM

das Leben, das uns allen schließlich nur einmal geschenkt wird, nicht mit einer Katze verbringen?

Robert Stearns

Die 4 Katzen, die zu halten und über die zu schreiben ich die Ehre und das Vergnügen habe, sind aufgetaucht. Sie kommen, wenn wir schreiben, überhaupt gern in unsere Nähe. Das Thema ist ihnen gleichgültig. Daß sie diesmal selber an der Reihe sind, interessiert sie nicht weiter. Es geht ihnen ums Prinzipielle. Es tut ihnen wohl, wenn andere Leute arbeiten. Dann genießen sie ihr eigenes Nichtstun doppelt und dreifach. Vielleicht ist auch Mitleid im Spiele. Vielleicht denken sie: »Da rackert er sich nun ab, damit er für uns frisches Schabefleisch kaufen kann!« *Erich Kästner*

Eine Katze
mit Ergriffenheit
anstarren können
viele, – die
Bewunderungswürdigen
unter ihnen aber sind nur
jene, die begreifen, daß man
des Rätsels einer Katze
nicht durch eine Liebkosung
Schluß machen kann.

Ludwig Hohl

30. November 1821

In der Nacht vom 29. bis zum 30. Novbr. d. J. entschlief nach kurzem aber schweren Leiden, zu einem bessern Dasein mein geliebter Zögling der Kater Murr im vierten Jahr seines hoffnungsvollen Alters, welches ich teilnehmenden Gönnern und Freunden ganz ergebenst anzuzeigen nicht ermangle. Wer den verewigten Jüngling kannte, wird meinen tiefen Schmerz gerecht finden und ihn – durch Schweigen ehren.

E. T. A. Hoffmann

Das E.T.A. Hoffmann-Denkmal in Bamberg mit dem geschulterten Kater Murr.

Samstag kommt der Nikolaus
Kinder, stellt die Stiefel raus.
Der Nikolaus mit langem Bart
bringt von seiner Schlittenfahrt
Euch ganz viele süße Plätzchen
Und die knabbern dann die Kätzchen.

Und dann sind sie richtig satt
Schlafen in den Stiefeln matt
Träumen endlich was vom Mausen
Aber nur in großen Pausen
Seht, wir sind doch noch so klein
passen doch kaum Plätzchen rein.

Julia Bachstein

Als ich meine Katze das erstemal sah, dachte ich nie, daß unser Zusammentreffen je etwas Denkwürdiges bekommen würde. Zunächst einmal sah ich sie nur undeutlich. Es schneite, und sie stand in einiger Entfernung von mir in einer engen Straße in New York. Die Umstände unserer Begegnung entbehrten nicht einer gewissen Ironie: Es war Heiligabend, und inmitten der weihnachtlichen Stimmung bot die Katze ein Bild des Jammers. Ein Fremder würde es kaum glauben, aber New York kann, wenn es sich anstrengt, eine schöne Stadt sein. So war es auch an jenem Weihnachtsabend vor ein paar Jahren . . .

Cleveland Armory

Aber es ist wirklich eine undankbare Beschäftigung, sich mit Katzen abzugeben. Man wünscht ein Echo zu wecken, und in dieser Hinsicht ist nur sehr wenig aus ihnen herauszuholen. Unnahbar und erhaben, ewig in weltentrückte, geheimnisvolle Selbstbetrachtung versunken, lassen sie sich zwar anbeten,

doch erhält man von ihnen keine andere Antwort als ein Schnurren. Ich gebe zu, ihr Schnurren ist etwas Bezauberndes, und ich sehnte mich danach, selbst schnurren zu können, aber Schnurren allein vermag ein hungriges Menschenherz auf der Suche nach etwas, was seine Leere ausfüllt, nicht zu sättigen.

Elizabeth von Arnim

Mit eingezogenen Pfoten wacht die Katze einen guten Teil des Tages gelassen vor irgendeinem lächerlichen kleinen Loch, das eventuell der Eingang einer Maus ist.

Henry David Thoreau

Hunde
brauchen ein Herrchen

Katzen
haben Personal

Norton wurde älter, und mit dem Älterwerden kam eine gewisse Selbstzufriedenheit, ein Hang zu desinteressierter Trägheit. Außerdem fing er an, fett zu werden. Darum tat ich, was jeder normale Mensch für seine Katze tun würde. Ich kaufte ein Haus.

Peter Gethers

Alles, was wir der Katze verdanken, ist, daß sie uns von den Mäusen befreit, wofür weder Mausefallen noch vergiftete Köder ausreichen. Aber diese Wohltat übt sie ganz allein, ohne durch günstige Verhältnisse unterstützt zu sein, und sie übt sie allzeit und auf der ganzen Erdoberfläche.

Ich bin wie ich bin

Ich bin wie ich bin
Ich bin so gebaut
Kommts mir in den Sinn
So lache ich laut
Ich lieb den der mich liebt
Was kann ich dazu
Daß es mehrere gibt
Ich lieb immerzu
Ich bin wie ich bin
Was kann ich dafür
Mehr ist nicht drin
Was wollt ihr von mir

Jacques Prévert

Probleme mit Ihren schriftstellerischen Ambitionen? Nehmen Sie eine Katze. Wie es genau wirkt, ist nicht bekannt, doch es hilft. Die Tatsachen beweisen es: Hinter manch einem großen Schriftsteller steht eine Katze. Ein Volk, das seine Literatur liebt, achtet auch seine Katzen.

Midas Dekkers

Und die Katzenaugen sehen,
Und die Katzenseele lacht,
Wie das Völklein der Pygmäen
Unten dumme Sachen macht.

Menschentum ist ein Verkehrtes,
Menschentum ist Ach und Krach;
Im Bewußtsein seines Wertes
Sitzt der Kater auf dem Dach! –

Joseph Victor von Scheffel

Text- und Bildnachweise

Einbandphoto: Anneke Hilhorst 1993/Art Unlimited, Amsterdam

Theodor W. Adorno aus: *Gesammelte Schriften*. Band II. © Suhrkamp Verlag Frankfurt am Main 1975. Photo: H. Pointer/Fotofolio.

Cleveland Amory aus: *Die Katze, die zur Weihnacht kam*. Aus dem Amerikanischen von Christian Spiel. © Gesamtdeutsche Rechte beim Scherz Verlag, Bern, München, Wien. Photo: Stephanie Stouffer.

Elizabeth von Arnim aus: *Alle meine Hunde*. Aus dem Englischen von Karin Schwab. © Insel Verlag Frankfurt am Main 1993. Photo: Helga und Victor von Brauchitsch.

Cyrus Atabay, *Freundschaft*, aus: *Das Atelier 2. Zeitgenössische deutsche Lyrik*. Herausgegeben von Klaus Wagenbach. © Fischer-Bücherei, Frankfurt am Main 1963. Photo: Wolfgang Lauter.

Julia Bachstein. Photos: Rex Features/McEnery 1989 (S. 57), American Stock Photography/Ewing Galloway 1991 (S. 96).

Stephen Baker. Photo: Peter Lohmann.

Hans Bender aus: *Wie die Linien meiner Hand*. © 1999 Carl Hanser Verlag München Wien. Photo: Hildegard Weber.

Rainer Brambach, *Stanislaus*, aus: Rainer Brambach, *Heiterkeit im Garten*. Copyright © 1989 by Diogenes Verlag AG, Zürich. Abbildung: Ein Porzellanteller, gestaltet von Heinz Rüttimann.

Georges Brassens, *Das Testament*, aus: Georges Brassens, Texte 3. Übertragen von Nino Erné. © für die deutsche Übertragung 1969 by damokles verlag, Ahrensburg. Photo: Collection Viollet.

Joseph Brodsky aus: *Erinnerungen an Petersburg*. Aus dem Amerikanischen von Sylvia List und Marianne Frisch. © 1987, Neuauflage 1993 Carl Hanser Verlag, München – Wien. Photo: Anita Schiffer-Fuchs.

Lewis Carroll aus: *Alice im Wunderland*. Übersetzung von Lieselotte und Martin Remané. © Middelhauve Verlags GmbH, München. Photo: Damilla Editions.

Hans Carossa aus: *Ausgewählte Gedichte*. © Insel Verlag Frankfurt am Main 1978. Photos: Wolfgang Lauter (S. 24), F. Harrison/FPG © 1982 Flashcards (S. 86).

Cartoon aus The New Yorker Magazin, *Die schönsten Katzen-Cartoons*, Zeichnung von Frank Modell. Deutsch von Sven Böttcher. Hoffmann und Campe, Hamburg, 1991. © 1990 by Alfred A. Knopf Inc., New York.

Colette aus: *Chats*, Paris 1936. Photo: Luc Perenom/Rush.

Noël Coward. Photos: Wolfgang Lauter und Werbeplakat aus den zwanziger Jahren.

Daniel Defoe aus: *Romane und Erzählungen*, 2 Bde. Herausgegeben

von Norbert Miller. Carl Hanser Verlag, München Wien 1968. Photo: Peter Thomann.

Midas Dekkers aus: *Miau.*, aus dem Niederländischen von Maria Csollány. © 1996 Ernst Kabel Verlag GmbH, Hamburg. Photo: Joan Baron.

Eva Demski, aus einem unveröffentlichten Manuskript. Photo: Uli Spiegel.

Annette von Droste-Hülshoff an Therese von Wolff-Metternich, 20. Juli 1821. In: *Die Briefe der Annette von Droste-Hülshoff*. Gesamtausgabe. Herausgegeben von Karl Schulte Kemminghausen. Erster Band. 1994 Eugen Diederichs Verlag, Jena. Photo: Hans Jürgen Buchhorn.

Axel Eggebrecht: *Katzen*. © 1967, 1990 by Verlags AG Die Arche, Zürich. Photos: Ida Schöffling (S. 41), Jack Jacobs (S. 43), Ronald Hammega 1986/Art Unlimited (S. 70).

Theodor Fontane, *Blanche*, aus: Theodor Fontane, *Kriegsgefangen*. Erlebtes 1870. Herausgegeben von Otto Drude. Insel Verlag, Frankfurt am Main. Photo: Tilo Rausch.

Théophile Gautier aus: *Meine Hausmenagerie*. In: Oeuvres complètes. Band VI. *La nature chez elle et ménagerie intime*. 1883. Photo: David McEnery/Graphique de France.

Rudolf Geck aus: *Er ist wieder da. Zur Heimkehr meines Katers Fritz Prolet*. In: *Ein Zeitungsmann erzählt-ck*. Die schönsten Geschichten von Rudolf Geck. © 1962 Societäts-Verlag, Frankfurt am Main. Photos: Olaf Plotz/ Edition Katzenvilla (S. 45), Peter Andreas aus: *Katzen-Spiel und Geheimnis*, erschienen im Müller Rüschlikon Verlag, CH-6330 Cham (S. 72).

Peter Gethers, *Die Katze, die nach Paris reiste*. © der deutschsprachigen Ausgabe 1993 beim C. Bertelsmann Verlag, München, in der Verlagsgruppe Bertelsmann GmbH. Photo: Tilo Rausch.

Johann Wolfgang von Goethe aus: *Katzenpastete*. In: Goethes Werke, Hamburger Ausgabe in 14 Bänden. Herausgegeben von Erich Trunz. C.H. Beck, München 1981. Abb.: Mosaik im Römischen Nationalmuseum, Rom.

Nicolaj Gogol aus: *Migorod. Altväterliche Gutsbesitzer*. In: Nicolaj Gogol, Sämtliche Erzählungen. Übers., Anmerungen und Nachwort von Josef Hahn. © Artemis & Winkler Verlag, Düsseldorf/Zürich 8. Auflage 1996. Photo: Esther Scheidegger.

Marlen Haushofer aus: *Die Wand*. © 1968 by Claassen Verlag, Hamburg/Düsseldorf, jetzt München. Photos: J.-M. Labat/Edition J.-P. Francoz (S. 34),. Tilo Rausch (S. 75).

Elke Heidenreich. Photos: Isolde Ohlbaum (S. 23),. Wolfgang Lauter (S. 40).

E.T.A. Hoffmanns Briefwechsel. Gesammelt und erläutert von Hans von Müller und Friedrich Schnapp. Band II. Winkler Verlag, München 1968. Photo: Ulrich Traub.

Ludwig Hohl aus: *Notizen oder Von der unvoreiligen Versöhnung*. © by Suhrkamp Verlag Frankfurt am Main 1981. Photo: Ludwig Hohl mit Katze (S. 32).

Ludwig Hohl aus: *Von den hereinbrechenden Rändern*. © Suhrkamp Verlag Frankfurt am Main 1986. Photo: Stephe Bruin (S. 94).

Ricarda Huch, *Katzenphilosophie*, aus: Ricarda Huch, *Gesammelte Werke*. Herausgegeben von Wilhelm Emrich. Band V. Kiepenheuer & Witsch, 1971. © Prof. Dr. Alexander Böhm, Rockenberg. Photo: Annegret Schackmann.

Monica Huchel aus: *Meine Katzen*. it 1602, © Insel Verlag, Frankfurt am Main 1985. Photo: Roger Melis.

Uwe Johnson aus: *Jahrestage. Aus dem Leben der Gesine Cresspahl*. © by Suhrkamp Verlag Frankfurt am Main 1983. Photo: Lichtblick GmbH.

Georg Kaiser: Brief vom 11.11.1940. In: Georg Kaiser, *Briefe*. Herausgegeben von Gesa M. Valk. Propyläen-Verlag, Berlin 1980. © by Verlag Ullstein, Frankfurt am Main/ Berlin/Wien. Photo: C.O. Paeffgen.

Erich Kästner aus: *Meine Katzen*. © by Thomas Kästner, München. Photos: Privatbesitz (S. 17), Sygma-Keystone-Paris (S. 62), Walter Chandoha (S. 93).

Alfred Kerr aus: *Der Kater Miezislaus*. In: Werke in Einzelbänden. S. Fischer Verlag GmbH, Frankfurt am Main. Photo: Jan Styczynski.

Aus einem Kinderlied. Photo: Stephe Bruin.

Alter schottischer Kinderreim. Photo: Adam Butler/dpa.

Sarah Kirsch, *Im Kreml noch Licht*, aus: Sarah Kirsch, *Zaubersprüche*.

© Langewiesche-Brandt, Ebenhausen bei München 1974

Paul Klee, *Letztes*, aus: Paul Klee, *Gedichte*. Herausgegeben von Felix Klee. © 1960, 1980 by Arche Verlag AG, Zürich. Photo: Hans J. Schütz.

Dilys Laing, *Miao*, aus: *The collected poems of Dilys Laing*. Copyright 1967 the Estate of Dilys Laing by David Bennett Laing. Photo: Werner Mansholt.

Paul Léautaud, *Die Katze Boule oder der Prix Goncourt*, aus: Paul Léautaud, *Literarisches Tagebuch*. Übersetzt von Hanns Grössel. Copyright © 1978 by Rowohlt Verlag GmbH, Reinbek. Photo: Izis/Paris Match.

Luigi Malerba aus: *Der faule Kater*. In: *Taschenabenteuer*. © 1985 Verlag Klaus Wagenbach, Berlin. Photo: Jean-Claude Lejeune 1995/Art Unlimited, Amsterdam.

Elsemarie Maletzke. Photo: Elsemarie Maletzke.

André Pieyre de Mandiargues aus: *Monsieur Mouton, geliebter Kater.* Aus dem Französischen von Lothar Klünner. © 1995 Friedenauer Presse, Berlin. Photo: Marianne Sock.

Katherine Mansfield an Dorothy Brett, 12. November 1921 und Katherine Mansfield an S.S. Koteliansky, 7. April 1919. In: Katherine Mansfield, *Ausgewählte Werke*. Band 2. Herausgegeben von Wolfgang Wicht. Übersetzung der Briefe von Irmgard Nickel. © 1981 by Insel Verlag, Leipzig. Photos: Helga und Victor von Brauchitsch (S. 11), Stephe Bruin (S.33).

Katherine Mansfield an Virginia Woolf, April 1919 und Katherine Mansfield an Dorothy Brett, 12. September 1921. In: Katherine Mansfield, *Briefe*. Herausgegeben von Vincent O'Sullivan. Aus dem Englischen von Eike Schönfeld. © Insel Verlag, Frankfurt am Main 1992. Photos: Elliott Erwitt (S. 48), Tilo Rausch (S. 69).

Katherine Menzies, 8 Jahre. Photo: Sandra Petrillo, S. 31.

Michel de Montaigne aus: *Die Essais und das Reisetagebuch.* Herausgegeben von P. Sakman, Leipzig 1932. Photo: Gustav Klimt mit seiner Katze.

Eduard Mörike aus: *Die Katzen „Weißling" und „Sauberschwarz" heben an.* In: Sämtliche Werke. Ausgabe in drei Bänden. Band I. Herausgegeben von Gerhard Baumann in Verbindung mit Siegfried Grosse. J.G. Cotta'sche Buchhandlung, Stuttgart, 1961. Photo: Anneke Hilhorst.

Martin Mosebach, *Die klugen Katzen,* aus: Martin Mosebach, *Das Kissenbuch.* © Insel Verlag, Frankfurt am Main 1995. Photo: Marion-Valentine.

Robert Musil aus: *Die Portugiesin.* In: Robert Musil, *Gesammelte Werke.* Copyright © 1978 by Rowohlt Verlag GmbH, Reinbek. Photo: M. Marc 1987 © Editions Gendre.

Pablo Neruda aus: *Ode an die Katze.* In: Pablo Neruda, *Gedichte.* Übersetzt von Erich Arendt. © Pablo Neruda and Heirs of Pablo Neruda. Alle deutschen Rechte vorbehalten: Luchterhand Literaturverlag GmbH, München. Photo: Peter Andreas aus: *Katzen-Spiel und Geheimnis,* erschienen im Müller Rüschlikon Verlag, CH-6330 Cham.

Ernst Penzoldt, *Katharina die Schöne,* aus: *Die Kunst, das Leben zu lieben und andere Betrachtungen.* Ausgewählt von Volker Michels. © Suhrkamp Verlag Frankfurt am Main 1975. Zeichnung: Irene Klenk.

Georges Perec, *Das Leben. Gebrauchsanweisung.* Copyright © 1982 by www. Zweitausendeins.de. Photo: Anne de Brunhoff.

Rudolf Anatol Petz: *Mein Liebling.* Photo: Nouvelles Images.

Pablo Picasso, Zeichnung und Text: © Succession Picasso/ VG Bildkunst, Bonn 1996.

Song von Elvis Presley. Photo: Wolfgang Lauter.

Jacques Prévert aus: *Ich bin wie ich bin.* In: Jacques Prévert, *Gedichte und Chansons.* Französisch und Deutsch. Nachdichtungen von Kurt Kusenberg. Copyright © 1962 by Rowohlt Taschenbuch Verlag GmbH, Reinbek. Photo: Izis.

Victoria Principal. Abb.: Felix Valloton.

Giovanni Raiberti aus: *Von der moralischen Nutzanwendung der Felidae.* Physiologische und moralische Bemerkungen. Aus dem Italienischen von Renate Lunzer unter der Verwendung einer alten Übersetzung von Edmund Hallegk. © 1989 Edition S. Verlag Österreich. Print Media Austria AG (vorm. Österreichische Staatsdruckerei AG). Photo: © 1982 Flashcards (S. 54), Abb.: Herbert Leupin (S. 102).

Ruth Rendell aus: *Eine entwaffnende Frau.* Aus dem Englischen von Christian Spiel. © der deutschen Ausgabe 1993 by Blanvalet Verlag, München. © 1991 by Kingsmarkham Enterprises Ltd. Photo: Annegret Schackmann.

Peter Rühmkorf © Agnes Hüfner im Gespräch mit Peter Rühmkorf. Erstdruck im Frankfurter Allgemeine Zeitung Magazin, 4. Oktober 1985. Photo: Sunshine.

Françoise Sagan aus: *Blaue Flecken auf der Seele.* Aus dem Französischen von Eva Brückner-Pfaffenberger. © 1973 by Verlag Ullstein, Frankfurt am Main/Berlin/Wien. Photo: Dominique Issermann.

Peter Sager. Photo: Peter Sager

Joseph Viktor von Scheffel, *Und die Katzenaugen sehen,* aus: Joseph Viktor von Scheffel, *Lieder des Katers Hiddigeigei.* In: Sämtliche Werke. Erster Band. Herausgegeben von Johannes Franke. Hesse & Becker Verlag, Leipzig, 1917. Photo: Jane Brown.

René Schickele aus: *Katzen.* In: René Schickele, *Romane und Erzählungen.* Band I. © 1959, 1983 by Verlag Kiepenheuer & Witsch, Köln. Zeichnung: Kati Moser.

Albert Schweitzer. Photo: David McEnery/Graphique de France.

Mitgeteilt von Dame Edith Sitwell, London. Abb.: Brady Designs.

Edith Sitwell aus: *Letters.* © Francis Sitwell 1970. Photo: Mark Gerson.

Eugen Skasa-Weiß aus: *Die Schöne Helena und die offene Tür.* In: *Die Kunst zu schnurren. Die schönsten Katzengeschichten von Eugen Skasa-Weiß.* © Schöffling & Co. Verlagsbuchhandlung GmbH, Frankfurt am Main 1998. Photo: Tilo Rausch.

Robert Stearns. Photo: Tilo Rausch.

Theodor Storm aus: *Werke.* Mit einem Essay von Thomas Mann. Herausgegeben von Gottfried Honnefelder. Erster Band. Insel Verlag, Frankfurt am Main, 1975. Zeichnung: Albert Dubout.

Delio Tessa aus: *Drei Katzen, ein Mann.* In: Delio Tessa: *Drei Katzen, ein Mann und andere ambrosianische Geschichten.* Aus dem Italienischen von Lieselotte Kittenberger. © 1992 by Verlag Das Arsenal, Berlin. Photos: Mechthild Roth-Reinecke/Titus, Köln/ Art Unlimited (S. 20), René Begert (S. 55).

Henry Thoreau aus: *Min Misses A Mouse.* Photo: Tilo Rausch.

Kurt Tucholsky aus: *Der Katzentrust.* In: Kurt Tucholsky, *Gesammelte Werke,* Band II, 1925-1928. Herausgegeben von Mary Gerold-Tucholsky und Fritz J. Raddatz. Copyright © 1960 by Rowohlt Verlag GmbH, Reinbek bei Hamburg. Photo: Rosemarie Zastrow (S. 34).

Kurt Tucholsky aus: *Die Katz.* In: Kurt Tucholsky, *Gesammelte Werke,* Band I, 1907- 1924. Herausgegeben von Mary Gerold-Tucholsky und Fritz J. Raddatz. Copyright © 1960 by Rowohlt Verlag GmbH, Reinbek bei Hamburg. Photo: Peter Andreas, aus: *Katzen-Spiel und Geheimnis,* erschienen im Müller Rüschlikon Verlag, CH-6330 Cham (S. 83).

Mark Twain aus: *Dick Bakers Cat* In: *The Literary Companion to Cats.* Reed Consumer Books, London, 1994. Photo: Mark Twain Memorial, Connecticut.

Volksmund. Photo: © S.I/Editions Damilla.

Robert Walser aus: *Geschwister Tanner.* © Suhrkamp Verlag, Frankfurt am Main 1976, mit Genehmigung der Inhaberin der Rechte, der Carl Seelig-Stiftung, Zürich. Photo: Verlag Wilhelm Janu (S. 31).

Robert Walser aus: *Das Gesamtwerk.* © Suhrkamp Verlag Zürich/Frankfurt am Main 1978, mit Genehmigung der Inhaberin der Rechte, der Carl Seelig-Stiftung, Zürich. Photo: Annegret Schackmann (S.60).

Robert Walser aus: *Der Roman.* In: Robert Walser, *Die Gedichte.* © Suhrkamp Verlag Zürich/Frankfurt am Main 1978, mit Genehmigung der Inhaberin der Rechte, der Carl Seelig-Stiftung, Zürich. Zeichnung: Sempé. Copyright © 1995 by Diogenes Verlag AG, Zürich (S. 74).

Charles Dudley Warner. Photo: Annegret Schackmann.

Virginia Woolf aus: *Ein Zimmer für sich allein.* Gerhardt Verlag, Berlin. Photo: Tetsu Yamazaki aus: *Katzenbildatlas.* bede Verlag, Ruhrmannsfelden.

Zeichnung aus: *Ein Blaue Folge von trinkfesten Katern,* gezeichnet von Peter Pickert. © Edition Borderline im Verlag Bettina Wassmann.

Einbandvignette von Konstanze Berner.

Das *Katzenalbum* versammelt die schönsten Blätter aus dem *Literarischen Katzenkalender* der Jahre 1996 & 1997.

Wir danken allen Autoren, Photographen, Verlagen und Nachlaßverwaltern für die freundliche Genehmigung zum Abdruck. In einigen Fällen ist es trotz intensiver Nachforschung nicht gelungen, die heutigen Rechteinhaber zu ermitteln. Wir bitten diese, sich mit dem Verlag in Verbindung zu setzen.

Man kann im Leben auf vieles verzichten, aber nicht auf Katzen und Literatur!

Literatur & Katzen
& Katzenliteratur
& Der Literarische Katzenkalender
bei Schöffling & Co.

Der literarische Katzenkalender 2003

Herausgegeben von Julia Bachstein und Esther Scheidegger
55 Blatt
Zweifarbig
Spiralbindung
Format 24 x 32 cm
€ 19,90
ISBN 3-89561-735-0

Der literarische Katzenkalender blättert auch im Jahr 2003 für alle Katzenfreunde Woche für Woche eine neue Katze auf und läßt Schriftsteller die Schönheit, die Eleganz, die Faulheit, Zärtlichkeit, Neugierde, schlicht: die Persönlichkeit der Katze besingen und beschreiben.

»... ein zum Schnurren schöner Kalender. Ihn durchzublättern macht fast soviel Spaß, wie mit der eigenen Katze zu spielen.«

Darmstädter Echo

Man kann im Leben auf vieles verzichten, aber nicht auf Katzen und Literatur!

Literatur & Katzen
& Katzenliteratur
& Der Literarische Katzenkalender
bei Schöffling & Co.

Eugen Skasa-Weiß
Die Kunst zu schnurren
Mit farbigen Photographien
von Wolfgang Lauter
136 Seiten. Gebunden
€ 10,50
ISBN 3-89561-702-4

»Eugen Skasa-Weiß haben Katzen zeitlebens begleitet und zu einem wahren Kenner seiner ›Zimmerkobolde‹ gemacht. ›Katzenschnurren ist eine kugelrunde Freude‹, sagt er in seinem brillant und klug geschriebenen Buch. Die farbigen Portraitphotos aristokratischer Katzenpersönlichkeiten machen das Buch auch zu einem hübschen Geschenk – wenn man es überhaupt hergeben will.«

Westdeutscher Rundfunk